5

猫侦探的数学谜题

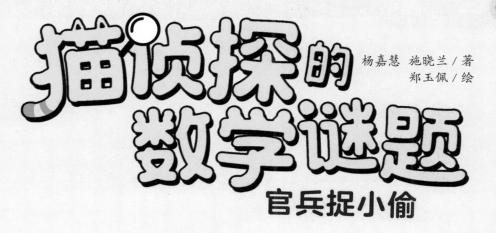

杨嘉慧 施晓兰 / 著
郑玉佩 / 绘

官兵捉小偷

长江出版传媒 | 长江文艺出版社

目 录

主 角 介 绍

猫儿摩斯

　　拥有一流推理能力和敏锐的数学逻辑头脑的猫侦探——猫儿摩斯登场喽！每当森林里的小动物们遇到困难，猫儿摩斯就会及时出现，协助破解谜团。猫儿摩斯常常让爱贪小便宜的狐狸老板气得跳脚呢！

每个名侦探都有一位得力助手，偏偏助手猫儿花生有点迷糊，有时候会误导办案，甚至好几次把证物吃掉了！

猫儿花生

狐狸老板

在森林开商店的狐狸老板，生意头脑超级好，总是用一些谜题或盲点来大发黑心财！

来玩时空胶囊

　　猫儿花生帮还没上小学的小羊、小兔、阿鼠哥和猪小妹做时空胶囊，他们用录音笔录下一小段话，送给五年后的自己，并将录音笔锁在木盒子里。

这些提示好难，去问猫儿花生密码吧！

密码？什么密码？这字真是我写的？可是我不记得什么时空胶囊呀？

呜……没有密码，怎么开锁呀？

我再仔细想想……我会设什么密码……

不用费力想了，光这四条提示，就能解出密码。

太好了！有密码，就能听到五年前的声音了。

想想看，三个数字的乘积为12，有几种可能？

你们四个人各想一组相乘是12的三个数字，只要肯花时间想，一定找得到。

完成了！我们终于找出四组数字。

1×3×4
1×2×6
1×1×12
2×2×3

小羊和小兔的数字组，不符合第一条提示。

密码由三个不同数字组成。

接下来将剩下两组的数字相加。

1+3+4=8

1+2+6=9

只有1，2，6加起来的和是9的倍数，排成最大的三位数就是621。

3

数学追追追

这次游戏用到三个数字连续相乘和相加的概念，数字连乘或连加的方法，便是前两个数字先相乘或相加，再将得出来的结果与第三个数字相乘或相加。三个数连续相减，也是用同样的方法。

想想看，下面这组式子：

29-14-6＝？

（答案请见61页）

有趣的数字 666

数字游乐园开幕，好多人跑来参观。

大家要不要先去 666 游戏室？

好哇，应该很有趣。

这里有装水游戏。有两个勺子，一个可以装 6 升，另一个是 216 升。

请用这两个勺子，将 666 公升的水瓶装满。

请用这两个勺子，将 666 升的水瓶装满。

如果只用 6 升的勺子，那要装好多次才会满。

$216+216+216=648$

216 升的勺子比较大，装 3 次水之后，水瓶就有 648 升了。

$666-648=18$，还少 18 升。接下来，拿 6 升的勺子装 3 次水。

$6+6+6=18$

呵呵，完成了！

5

你们有没有发现，两个勺子分别使用了 3 次？

真的耶！

好特别喔！

来挑战这个，这题比较难。

有 6 个勺子，分别可装 1，8，27，64，125 及 216 升的水。

请用这 6 个勺子，将 666 升的水瓶装满水，每个勺子都要用到！

1，8，27，64，125 及 216 这几个数字很特别，感觉它们有什么特殊的关系。

没错！

$1 = 1 \times 1 \times 1$
$8 = 2 \times 2 \times 2$
$27 = 3 \times 3 \times 3$
$64 = 4 \times 4 \times 4$
$125 = 5 \times 5 \times 5$
$216 = 6 \times 6 \times 6$

原来是分别将 1，2，3，4，5，6 连乘三次。

这么特别的数字，经过加加减减，真的能凑出 666 升的水吗？

算算看就知道喽！

6 个勺子各倒一次水进水瓶，想想看，水瓶有多少水？

每个勺子都要用到，6 个勺子加起来有 441 升。

$1+8+27+64+125+216=441$

666−441=225，还少 225 升的水。

$225-216=9$

如果再倒一次 216 升的水，这样就只差 9 升了。

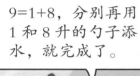

9=1+8，分别再用 1 和 8 升的勺子添水，就完成了。

$9=1+8$

其实还有另一种方法喔！

将所有勺子使用一轮后，再使用第二轮。

第二轮不需要用到 216 升的勺子，便能让水瓶装满了。

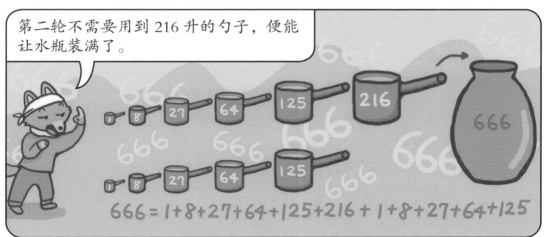

$666=1+8+27+64+125+216+1+8+27+64+125$

没想到数字 666 这么特别。

还没结束喔!

$$666 = 4 + 9 + 25 + 49 + 121 + 169 + 289$$

这次只要将 7 个勺子，各使用一次，水瓶便能装满水了。

4, 9, 25, 49, 121, 169, 289 是特别的数字吗?

猫儿摩斯你不要说，我看出来了。

$$4 = 2 \times 2$$
$$9 = 3 \times 3$$
$$25 = 5 \times 5$$
$$49 = 7 \times 7$$
$$121 = 11 \times 11$$
$$169 = 13 \times 13$$
$$289 = 17 \times 17$$

这些数字是分别将 2, 3, 5, 7, 11, 13, 17 连乘两次所得到的。

你真聪明!

数学追追追

从 1 开始，一直加到数字 A，它们的和正好等于 666。

$$666 = 1 + 2 + 3 + 4 + \cdots\cdots + A$$

请想一想，A 应该填什么数字?

（提示：A 介于 32~38 之间）

（答案请见 61 页）

小羊足球队今天赢了羊头杯经典赛，决定举办庆功宴……

10

可是 29 比 32 小，乘以 11 后，为什么反而比较大呢？

我的 11 速算法是不可能出错的！你就是要给我 2119 元！

29 < 32

这么贵？那不要买好了！

来不及了！

他们全都吃完了！

什么？这些家伙！

狐狸老板！你又在骗人了！

猫儿摩斯？我以为你不会出现了！

不要被他骗了！他的方法只能用在两个位数加起来不到 10 的情况！

2+9=11
11>10

对了！2+9 已经超过 10 了！

如果两个数相加的和超过 10，应该是把和的个位放在原本两个数的中间，把十位加到百位去，例如 29 × 11=319。

29 × 11
↓
2+9=11
↓
11
2 9
───
319

⑪

原来你骗我！我还是用竖式算法好了！

唉，又失败了！

不过，这种速算很神奇！

你可以用竖式算法来想想看，很快就可以明白为什么喽！

数学追追追

32 乘以 11，从竖式计算可以看出：答案的个位数等于原本的 2，百位数等于原本的 3，十位数就等于 3+2=5。所以当个位数和十位数加起来不到 10，就可以用狐狸老板提供的方法！

29 乘以 11，从竖式计算可以看出：答案的个位数等于原本的 9，但十位数等于 2+9=11 的个位数 1，而百位数是原本的十位数 2 加上进位的 1，所以当个位数和十位数加起来超过 10 时，就要用猫儿摩斯所说的方法。

$$
\begin{array}{r}
32 \\
\times\ 11 \\
\hline
32 \\
32 \\
\hline
352
\end{array}
$$

$$
\begin{array}{r}
29 \\
\times\ 11 \\
\hline
29 \\
29 \\
\hline
319
\end{array}
$$

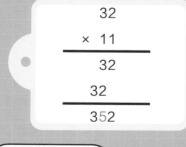

狐狸老板快还钱！

嘤

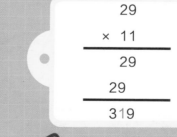

别生气了！喝杯青草茶消消火吧！

糖葫芦的骗局

TOP 小学今天校外教学，遇见卖糖葫芦的狐狸老板……

来买糖葫芦喔！便宜的糖葫芦1根只要19元！

哇！好想吃！ 1根才19元耶！好便宜！

哈哈！我帮大家每人买1根吧！

万岁！

麻烦你！我们一共有52个同学，1人1根糖葫芦！

这么多？赚大钱了！

不一会儿，每个同学都分到1根糖葫芦了……

请问一下，这样总共多少钱呢？

一共是 52×19 元！

52×19？
这样是多少呢？
好难心算喔！

52 × 19 = ?

你是不会
算吧？

当然不是！我只是需要一点
时间而已！

我算你便
宜，全部
给我2000
元就好！

2000元

太好了！那我就不用算了，马上
给你2000元！

哈哈！上
当了！

等等！狐狸
老板，你又
在骗人了。

猫儿摩斯，你
又来破坏我的
好事！

我被骗了？你
会心算正确的
数字吗？

不需要算出准确的数字！只要你
会简单的估算，一下子就能知道
狐狸老板是骗人的！

小朋友，你能估
算出山羊老师应该付
多少钱吗？

估算是什么？听起来好难！

估算是一种把数字变简单，然后快速求出大概答案的做法！

原本山羊老师要计算 52×19，这个算式要心算出正确答案并不容易。

没错没错！

但是 52 接近 50，19 接近 20，所以只要计算 50×20，就能大概估算出山羊老师要付 1000 元！

52人 → 50人
19元 → 20元
$50 \times 20 = 1000$元

等等！为什么要改变数字呢？

因为这样会让算式中的零变多，就会变得很好算！

可是这样算出来的答案又不准确！

估算虽然没办法算出正确答案，但是在时间不够或是需要快速验算时，是非常好用的工具！

如果山羊老师懂一点估算，就会知道他要付的钱大约是 1000 元，狐狸老板却把总价提成了 2 倍！

你真是贪心！

被拆穿了！

我明白了！只要了解一点估算，买东西就不怕被骗了！

没错没错！

我刚刚吃了 17 根糖葫芦，每根 19 元，你可以帮我估算一下要付多少钱吗？

你什么时候偷吃了这么多根糖葫芦！

数学追追追

好用的估算

猫儿摩斯使用的数学技巧是一种用在二位数乘法的估算：只要把被乘数和乘数四舍五入取到十位数（当个位数大于 5，十位数就加 1；当个位数比 5 小，十位数不变，而个位数变成 0），然后再进行计算。

被乘数 × 乘数
四舍五入到十位数

例如：$39 \times 19 =>\ 40 \times 20$

$51 \times 29 =>\ 50 \times 30$

钱包里有998元，糖葫芦 1 根 19 元，我大概可以买多少根呢？

还吃？别想打我的主意！

（答案请见61页）

贴春联，好运来

快过年了，广场来了很多摊贩卖过年用品，有糖果、瓜子、春联、年画……小羊、小兔在广场遇到猫儿摩斯和猫儿花生，他们准备买些什么呢？

免费试吃花生仁糖，不用钱哦。

谢谢！我最爱吃裹了一层糖的花生了。

来看看我的糖果，牛轧糖、牛奶糖、巧克力糖，要什么糖有什么糖。

这里诱惑好多，一家家逛下去，到天黑也逛不完。

春联大特价！贴上漂亮的春联，开心一整年。

去看春联吧！

这里有很多创意春联!

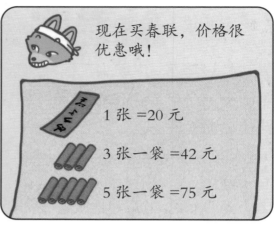

现在买春联,价格很优惠哦!

1 张 =20 元

3 张一袋 =42 元

5 张一袋 =75 元

如果单买 8 张春联,一共要 160 元;若是买一袋 3 张和一袋 5 张,只需要 117 元。

算一算,我需要 7 张春联。

我要 11 张,怎么买比较划算呢?

看在老顾客的分上,你们一次购买 15 张,加赠年画一幅!

15张 送

想一想,将数字 7 和 11,以 1,3,5 三个数相加,会得出哪几种情况?

要知道怎么买比较划算，可以将 7 或 11 表示成 1，3，5 三个数字相加的和。

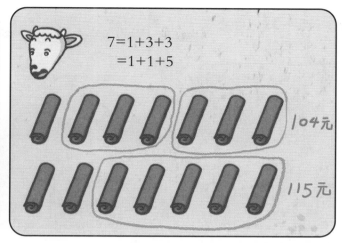

$7 = 1 + 3 + 3$
$ = 1 + 1 + 5$

104元

115元

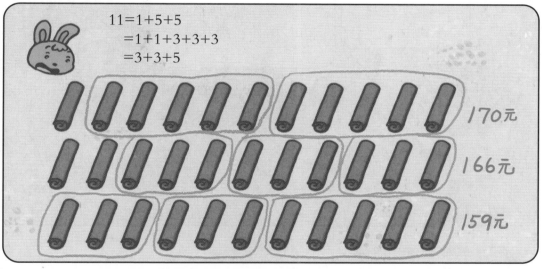

$11 = 1 + 5 + 5$
$ = 1 + 1 + 3 + 3 + 3$
$ = 3 + 3 + 5$

170元

166元

159元

有没有发现，3 张一袋，价格更划算？

我知道为什么！3 张一袋的，每张卖 14 元；5 张一袋的，每张 15 元。

$42 \div 3 = 14$
$75 \div 5 = 15$

商店做特价活动，并不总是买得越多省得越多。要比较商品售价便宜多少钱，就要用到除法，换算成每一个多少钱。例如3张一袋的春联42元，要计算一张春联的售价，也就是42÷3=14元；5张一袋的春联则是75÷5=15元。

想想看，狐狸老板改变春联售价，3张一袋的51元，5张一袋的80元，请问3张一袋、5张一袋的春联，每张分别卖多少元？

（答案请见61页）

加量、降价，哪个划算？

06

蜥蜴大婶和鳄鱼老爹为了增加产品的销售量，同时做起促销活动。这星期的特价商品是美味的榛果巧克力！

榛果巧克力原价4颗84元，现在加量不加价，6颗还是84元！

买我的最划算！原价4颗84元，现在降到60元。

我想买盒巧克力送美丽的甜甜小姐，该向谁买呢？

如果我是甜甜小姐，肯定希望拿6颗。

狐狸老板不要犹豫，最精打细算的妈妈们都到我店里买巧克力！

不能这么说哦！她们可能钱不够，只好向你买。

蜥蜴大婶，你的价钱真的比较贵。

但是我多了 2 颗，不但加量不加价，另外加赠温馨的小卡片。

跟我买，不但便宜 24 元，还用精美小礼盒包装哦！

咦，狐狸老板呢？

他想知道买哪个划算，回去拿计算器了。

想一想，如果买 12 颗，各要花多少钱？

从两位的叙述中，我知道答案了！

4 颗 60 元
12 颗 180 元

6 颗 84 元
12 颗 168 元

勝

如果学过除法，直接计算每颗巧克力的价钱，也能知道向谁买比较划算。

翻译成数学语言，借助竖式除法计算会比较容易。

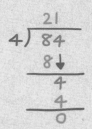

原 价

1 颗？元 ×4 颗
=84 元
→ 84÷4=21
原价 1 颗 21 元

1 颗？元 ×6 颗
=84 元
→ 84÷6=14
促销价 1 颗 14 元

1 颗？元 ×4 颗
=60 元
→ 60÷4=15
促销价 1 颗 15 元

```
      21
   4) 84
      8↓
      4
      4
      0
```

```
      14
   6) 84
      6↓
      24
      24
      0
```

```
      15
   4) 60
      4↓
      20
      20
      0
```

数学追追追

　　除法是加、减、乘、除之中，比较难掌握的运算方法，除了须具备乘法与减法的运算能力，还要借助竖式运算求答案。通常只要多练习，就一定能学好除法。想想看，6颗苹果分给3人吃，每人分到几颗苹果？

（答案请见61页）

官兵捉小偷

07

猫儿摩斯设计了"官兵捉小偷"的游戏，让小羊、小兔跟朋友们一起玩数学。

这里有 6 张纸卡，待会儿我会把写字的一面朝下，你们每人选 1 张。抽到小偷，要受罚唷！

来抽牌吧！

怎么一来就抽到小偷，真倒霉！

我是法官耶。

你可以决定如何处罚老虎哥哥。

我想想……就罚跳 3 下。

剩下 4 位，手上应该是加、减、乘、除吧？

嗯，没错。

你们合作算算术。这里有5道题目，罚跳3下，就算第3题。

❶ 4 □ 4 = 1
❷ (4 □ 4) □ 4 = 2
❸ 4 □ (4 □ 4) = 3
❹ 4 □ 4 □ 4 = 4
❺ 4 □ 4 □ 4 = 5

❶空格请填 +、−、×、÷ 等运算符号，每个符号可能不只出现一次，也可能不会出现。
❷题目若有括号，括号内的要先算。
例题：
　7 □ 7 □ 7 □（7 □ 7）=7
解答：
　7 × 7 ÷ 7 +（7 − 7）=7

　7 × 7 ÷ 7 +（ 0 ）=49 ÷ 7=7

我们要解决的题目是 4 □（4 □ 4）=3

看起来好难。

有 10 分钟的时间作答，答不出来，老虎哥哥就不用受罚。计时开始！

4 □（4 □ 4）=3

（答案请见 61 页）

试试减法和除法，或者加法和乘法，哪一组能得出正确答案呢？

🎒 数学追追追

填空游戏是用来训练自己对数学的感知能力的，和其他同学合作解答时，可以看看别人怎么计算，与自己的算法有什么不同。

"官兵捉小偷"游戏，不一定要 6 个人玩，可以增加"小偷"的张数，让每人都抽到一样的张数，抽到"小偷"的人都要受罚。

买地的谜题

爱盖房子的三只小猪成立了建筑公司，要跟狐狸老板买地盖大楼……

我觉得同一条线围出的各种形状，面积好像真的不一样。

什么？狐狸老板骗我们？

可是，你们能证明吗？

可恶！我只会看一条线有多长，不会算一块地有多大！

别担心！你们可以用这块板子比比看，就知道哪块地比较大了！

每块土地由多少块这种正方形拼完，就代表面积有多少平方米！

1块=1平方米
5×5=25
25平方米

咦？这块板子也是正方形的！

这个正方形代表1平方米，把它当作面积单位，就可以比较出三个图形的大小了。

数学追追追

长度与面积

当周长相同、形状不一样时，面积也会不一样；而且形状越方正，面积似乎也越大呢！那么你猜猜看，如果周长相同，哪一种四边形的面积会最大呢？

（A）

$30 \times 30 =$
900 个小方格

（B）

$40 \times 20 =$
800 个小方格

（C）

$50 \times 10 =$
500 个小方格

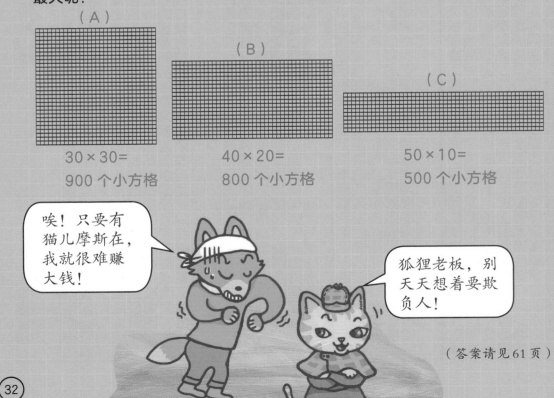

（答案请见61页）

河马、鳄鱼，谁说谎？

09

蛋糕店老板今天推出限量版草莓蛋糕，才上架没多久，便少了一块。究竟是谁偷了蛋糕？

早上河马太太跟我一同用餐，她吃了一块草莓蛋糕。

你吃草莓蛋糕没付钱吧？

别冤枉好人啊！你不信看看我皮夹里的钱，就知道我有没有说谎。

里面没有半毛钱啊！

没错呀！5天前，皮夹有60元，每天早上出门，丈夫会再给我8元。这5天，我每天都花20元点一份牛奶和蛋糕，今早刚好用完所有的钱。

刚才我和鳄鱼爷爷在一起用餐，他也吃了一块草莓蛋糕。

你吃草莓蛋糕付钱了吗？

我的皮夹里又不是没钱，为什么要偷蛋糕？

5 天前，我的皮夹里除了原本的 70 元，每天早上，鳄鱼奶奶会再给 3 元，我每天花 15 元吃蛋糕。

鳄鱼爷爷的皮夹里还有 25 元，河马太太的钱包没有钱，应该是她偷的。

别急着下判断，先数数看两人的皮夹应该剩多少钱。

想想看，河马太太及鳄鱼爷爷每天的花费和收入，各是多少元？

要怎么算剩下多少钱呀？

列出每天的"收入"和"花费"，计算当天"剩余金额"，就知道答案了。

$60 + 8 - 20 = 48$

第一天剩 48 元

$70 + 3 - 15 = 58$

第一天剩 58 元

我画了一份表格。

河马太太原本有 60 元，以下是她这五天的花费明细：

天数	1	2	3	4	5
收入	8	8	8	8	8
花费	20	20	20	20	20
剩余	48	36	24	12	0

我也做了一份表格。

鳄鱼爷爷原本有 70 元，以下是他这五天的花费明细：

天数	1	2	3	4	5
收入	3	3	3	3	3
花费	15	15	15	15	15
剩余	58	46	34	22	10

数学追追追

　　本题游戏中的花费就是所谓的"支出"。生活中，大人们经常用收入与支出表，计算家里的生活费；小孩子也可以自己设计简单的收入、支出表，利用加法、减法，计算零用钱。

　　想一想，小羊有 40 元，妈妈每天还会给他 5 元。小羊每天花 10 元买面包，到了第 4 天后，他还剩下多少钱？

（答案请见 62 页）

狮子奶奶的打工日记

狮子奶奶希望充实自己的生活，到狐狸老板的店里打工。这个周末，广场举办游园会，她负责到会场卖铅笔、笔记本、纸和剪刀等文具。

每种文具的价格我都记清楚了，放心交给我，没问题！

价钱算错，我会扣薪水的！游园会交给你负责，我得去补货了。

我要买铅笔，一支多少钱？

惨了！刚刚休息吃顿饭，售价全忘了！如果问狐狸老板，他一定会扣工资……

 笔记整理好啦!

1. 价格从小到大依序为:

2. 价格都是 10 元的整数倍。
3. 每种文具都卖出过,总共售出 8 个文具,进账 180 元。
4. 尺只卖 3 把。
5. 剪刀和笔记本都只卖出去 1 份,共收入 90 元。

6. 一位男客人买了 1 把尺和 1 本笔记本,他一共花了 60 元。

7. 只有一位女客人买铅笔,她一共花了 30 元。

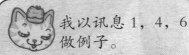 我以讯息 1,4,6 做例子。

1. 文具类别:

4. 售出个数:
   尺只卖 3 把。

6. 售出价钱:
   尺售价 + 笔记本售价 =60。

想想看,售价、售出个数、售出总价等三种信息,哪个是四种文具都有的?

我们把资料分类整理好了。

	铅笔	尺	笔记本	剪刀	总和
售　价					
售出个数		3	1	1	8个
售出总价	30				180元

 有几个空白的格子，可以靠推理得出答案。

	铅笔	尺	笔记本	剪刀	总和
售　价	10	20			
售出个数	3	3	1	1	8个
售出总价	30	60			180元

A. 文具售出个数为8个，尺＋笔记本＋剪刀售出个数为5。

$8-5=3$ ✏ ⇒10元

$30÷3=10$

B. 总收入180元，其中，铅笔收入30元、剪刀和笔记本收入一共90元。

$180-30-90=60$

$60÷3=20$ 📏 ⇒20元

 有几个填空要计算的。

	铅笔	尺	笔记本	剪刀	总和
售　价	10	20	40	50	
售出个数	3	3	1	1	8个
售出总价	30	60	40	50	180元

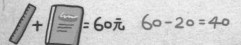 ＝60元　$60-20=40$

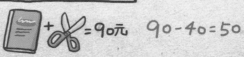 ＝90元　$90-40=50$

数学追追追

资料整理表格时，也可以将文具品名写在最左边的格子，售价和售出个数填在品名的右方，如下表。请根据漫画得出来的结果，完成填空。

	售　价	售出个数	售出总价
铅　笔			
尺			
笔 记 本			
剪　刀			
总　和			

（答案请见62页）

翻台历，玩游戏

小羊和小兔拿着猴年台历，计划着今年想做的事。

你们在台历上写什么呢？

写旅游计划，6月1日儿童节连放三天，我想请妈妈带我去动物园。

计划回去慢慢想吧，我来教你们翻台历玩游戏。

台历也能玩游戏？

一定是这本台历藏有侦探游戏。

你想太多了，是台历藏着一组有趣的日期。

你们找找看，4月4日、6月6日、8月8日各是星期几？

4月4日是星期一。

6月6日是星期一。

8月8日也是星期一耶。

2016 年 4 月						
一	二	三	四	五	六	日
				1	2	3
4	5	6	7	8	9	10
11	12	13	14	15	16	17
18	19	20	21	22	23	24
25	26	27	28	29	30	

2016 年 6 月						
一	二	三	四	五	六	日
		1	2	3	4	5
6	7	8	9	10	11	12
13	14	15	16	17	18	19
20	21	22	23	24	25	26
27	28	29	30			

2016 年 8 月						
一	二	三	四	五	六	日
1	2	3	4	5	6	7
8	9	10	11	12	13	14
15	16	17	18	19	20	21
22	23	24	25	26	27	28
29	30	31				

今年的台历真有趣。

全都在星期一？该不会印错了？

没印错啦！你们算算看，4月4日再经过几天是6月6日，6月6日再经过几天是8月8日？

终于算好了。4月4日再经过63天是6月6日。

2016 年 4 月

一	二	三	四	五	六	日
				1	2	3
4	5	6	7	8	9	10
11	12	13	14	15	16	17
18	19	20	21	22	23	24
25	26	27	28	29	30	

26 天

2016 年 5 月

一	二	三	四	五	六	日
						1
2	3	4	5	6	7	8
9	10	11	12	13	14	15
16	17	18	19	20	21	22
23	24	25	26	27	28	29
30	31					

31 天

2016 年 6 月

一	二	三	四	五	六	日
		1	2	3	4	5
6	7	8	9	10	11	12
13	14	15	16	17	18	19
20	21	22	23	24	25	26
27	28	29	30			

6 天

26+31+6=63 天

6月6日再经过63天是8月8日。

2016 年 6 月

一	二	三	四	五	六	日
		1	2	3	4	5
6	7	8	9	10	11	12
13	14	15	16	17	18	19
20	21	22	23	24	25	26
27	28	29	30			

24 天

2016 年 7 月

一	二	三	四	五	六	日
				1	2	3
4	5	6	7	8	9	10
11	12	13	14	15	16	17
18	19	20	21	22	23	24
25	26	27	28	29	30	31

31 天

2016 年 8 月

一	二	三	四	五	六	日
1	2	3	4	5	6	7
8	9	10	11	12	13	14
15	16	17	18	19	20	21
22	23	24	25	26	27	28
29	30	31				

8 天

24+31+8=63 天

想想看，有没有更快速的计算方法。

它们全在星期一，是因为都是 63 天吗？

正确说法是它们经过的天数是 7 的倍数。

2016 年 4 月

一	二	三	四	五	六	日
				1	2	3
4	5	6	7	8	9	10
11	12	13	14	15	16	17
18	19	20	21	22	23	24
25	26	27	28	29	30	

4 月 4 日再过 7 天是 4 月 11 日；
4 月 4 日再过 14 天是 4 月 18 日；
4 月 4 日再过 21 天是 4 月 25 日，
它们全是星期一。

我懂了，一个星期有 7 天，每隔 7 天就会回到星期一。

没错！利用这个特性，可以快速算出经过多少天！再过一个星期就是 $7 \times 1 = 7$ 天，两个星期是 $7 \times 2 = 14$ 天，三个星期是 $7 \times 3 = 21$ 天……

2016 年 4 月

	一	二	三	四	五	六	日
					1	2	3
1	4	5	6	7	8	9	10
2	11	12	13	14	15	16	17
3	18	19	20	21	22	23	24
4	25	26	27	28	29	30	

2016 年 5 月

	一	二	三	四	五	六	日
							1
5	2	3	4	5	6	7	8
6	9	10	11	12	13	14	15
7	16	17	18	19	20	21	22
8	23	24	25	26	27	28	29
9	30	31					

2016 年 6 月

	一	二	三	四	五	六	日
			1	2	3	4	5
	6	7	8	9	10	11	12
	13	14	15	16	17	18	19
	20	21	22	23	24	25	26
	27	28	29	30			

4 月 4 日再经过 9 个星期是 6 月 6 日，所以是 7×9，正好是 63 天。

6 月 6 日也是再经过 9 个星期是 8 月 8 日，共 63 天。

2016 年 6 月

	一	二	三	四	五	六	日
			1	2	3	4	5
1	6	7	8	9	10	11	12
2	13	14	15	16	17	18	19
3	20	21	22	23	24	25	26
4	27	28	29	30			

2016 年 7 月

	一	二	三	四	五	六	日
					1	2	3
5	4	5	6	7	8	9	10
6	11	12	13	14	15	16	17
7	18	19	20	21	22	23	24
8	25	26	27	28	29	30	31

2016 年 8 月

	一	二	三	四	五	六	日
9	1	2	3	4	5	6	7
	8	9	10	11	12	13	14
	15	16	17	18	19	20	21
	22	23	24	25	26	27	28
	29	30	31				

我刚才一天一天地计算，算了好久。

这个方法快多了。

猫儿摩斯，你怎么发现4月4日、6月6日和8月8日有这个特性？

因为我是侦探啊！

数学追追追

2016年的台历，除了4月4日、6月6日和8月8日全在星期一，10月10日、12月12日也都是星期一。算算看，8月8日再经过（　　）个星期是10月10日？10月10日再经过（　　）个星期是12月12日？

2016 年 8 月

一	二	三	四	五	六	日
1	2	3	4	5	6	7
8	9	10	11	12	13	14
15	16	17	18	19	20	21
22	23	24	25	26	27	28
29	30	31				

2016 年 9 月

一	二	三	四	五	六	日
			1	2	3	4
5	6	7	8	9	10	11
12	13	14	15	16	17	18
19	20	21	22	23	24	25
26	27	28	29	30		

2016 年 10 月

一	二	三	四	五	六	日
					1	2
3	4	5	6	7	8	9
10	11	12	13	14	15	16
17	18	19	20	21	22	23
24	25	26	27	28	29	30
31						

2016 年 10 月

一	二	三	四	五	六	日
					1	2
3	4	5	6	7	8	9
10	11	12	13	14	15	16
17	18	19	20	21	22	23
24	25	26	27	28	29	30
31						

2016 年 11 月

一	二	三	四	五	六	日
	1	2	3	4	5	6
7	8	9	10	11	12	13
14	15	16	17	18	19	20
21	22	23	24	25	26	27
28	29	30				

2016 年 12 月

一	二	三	四	五	六	日
			1	2	3	4
5	6	7	8	9	10	11
12	13	14	15	16	17	18
19	20	21	22	23	24	25
26	27	28	29	30	31	

（答案请见62页）

狐獴太太的试吃派对

狐獴太太的蛋糕店即将开幕。开卖之前，她准备了两场试吃派对，邀请大家到店内免费享用点心！

狐獴太太好！

你们好呀！我准备办两场试吃派对，请大家吃点心。

好棒喔！

来，邀请函给你们，时间都写在上面，别忘了来吃点心！

谢谢！

狐獴太太再见。

遇到狐獴太太,真是太幸运了!

来看看派对是什么时候。

这派对时间……

你们也收到邀请函了呀!伤脑筋,看不出来是什么时候。

① 星期五是这个月的第1天,昨天是这个月的第5天,第一场试吃派对离今天不到一星期,而且派对的大前天是星期六。

② 第二场试吃派对的日期比第一场晚4天。

③ 两场派对的时间都是晚上6点到8点。

解出两场派对是几号、星期几,就能吃到美味的蛋糕唷!

大前天、晚4天……好复杂啊!

只要画一个台历,再一一填上狐獴太太的提示,就知道日期了。

日	一	二	三	四	五	六

想想看,第一场试吃派对离今天不到一星期,指的是派对至少还有6天吗?

昨天是这个月的第5天，所以昨天是5号，今天6号。

日	一	二	三	四	五	六
					1	2
3	4	5（昨天）	6（今天）			

 一星期7天，第一场派对离今天不到7天。

日	一	二	三	四	五	六
					1	2
3	4	5（昨天）	6（今天）	7	8	9
10	11	12	13（第7天）			

派对的大前天是星期六。

大前天就是前3天，反推回去就是从星期六往后数3天。

 派对是星期二，也就是12号。

日	一	二	三	四	五	六
					1	2
3	4	5（昨天）	6（今天）	7	8	9 派对大前天
10 派对前天	11 派对昨天	12 第一场派对				

数学追追追

　　这个游戏的难点是要了解中文的表示法，例如中文的"几天之后"是从明天开始算起；"几天之前"则从昨天算起；距离今天不到一星期，即距离今天最多只有 6 天……

　　请问，狐獴太太说蛋糕店正式的营业时间比第二场派对晚 7 天，那是几号、星期几呢？

（答案请见62页）

大熊猫先生的甜甜圈

大熊猫先生的甜甜圈店预计在 12 月 15 日举办周年庆活动，当天购买甜甜圈礼盒，可以加赠甜甜圈玩偶一个。

12 月 15 日来参加我们的周年庆活动，商品都有优惠哦！

好哇，我最喜欢甜甜圈了。

招牌甜甜圈 66 元
综合甜甜圈 88 元
12 月 15 日以前预订，
招牌 60 元，综合 80 元。

5元

想到可以吃甜甜圈，就觉得好幸福。

进店看看吧！

这是当天售卖的甜甜圈玩偶和礼盒，要预订吗？

我们得算算零用钱够不够。

这甜甜圈请你们吃，纸和笔借你们，慢慢计算吧！我去发传单啦！

跟我们一起坐吧！

我们想买甜甜圈，但不晓得怎么计算零用钱。

把目前存下的零用钱和每天可以存多少钱记下来，我看看。

开始存钱日：12 月 1 日		
周年庆：12 月 15 日		
存钱天数：15 天		

	🐑	🐰
目标	80(综合)	60(招牌)
扑满金额	12	0
每天存钱	每天存 5 元	每天存? 元

如果一天存 1 元，15 天存 15 元；如果一天存 2 元，15 天存 30 元……

1 天 1 元
15 天 15 元

这样算很麻烦，小兔用除法，小羊用乘法，便能解出答案了。

不计算原有的钱，想一想，15 天后，小羊存了多少钱？

除法我会，要买招牌甜甜圈礼盒，每天得存4元。

$$60 \div 15 = 4$$

扑满	0
每天存钱	4
15 天存钱金额	60

我每天存 5 元，15 天后存 75 元。

$$5 \times 15 = 75$$

小羊加上原先有的 12 元，周年庆那天的钱超过 80 元了。

$$75 + 12 = 87$$

呜……想起来了，我请狐狸老板帮我订一个 10 元铅笔盒，这样扑满里只剩 2 元，15 天后还差 3 元。

扑满	12
铅笔盒	10
每天存钱	75
15 天存钱金额	12-10+75=77

学过加减乘除的运算方法，就可以将它运用在理财计划中。把每次花钱与存钱的金额，记录到表格中，并且每个月统计花费与存下的零用钱。久而久之，便能学会善用自己的零用钱了。

请问：小兔改变主意，除了买60元的招牌甜甜圈，还想再买一个8元的巧克力甜甜圈、12元的草莓甜甜圈和15元的红豆甜甜圈。她每天得存多少钱？

（答案请见62页）

周年庆大减价

狐狸老板在商店门口贴了一张海报，小羊、小兔也好奇地跑去看，原来商店正在进行周年庆特价活动。

这一堆数字，我完全看不懂。

快作答，只剩1分钟。

你没答出来，东西不能便宜卖，给我100元。

笔记本不是50元？

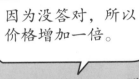

因为没答对，所以价格增加一倍。

狐狸老板，你一开始没向顾客说明，不能多收钱喔。

哪有这种道理！

想要打折，就得依照游戏规则。

周年庆特价
所有商品打对折！5折

没有答对，售价加倍！

字这么小，根本不会注意。

黑黑

那我不管。

狐狸真狡猾，我也去参加活动，把题目背下来，问猫儿摩斯。

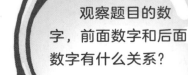

观察题目的数字，前面数字和后面数字有什么关系？

54

猫儿摩斯，你知道这要填什么吗？

这些数字找到规律，自然能得出答案。

我发现第一题的规律了，后面的数字比前面的多20，答案是43。

没错，这题的规律是加法，数字会越来越大。

真希望我的薪水每天能增加20元。

我也希望你帮我做的事，每天多20分钟。

我比较希望数学成绩一天比一天好。

我找出第二题的规律了！把前面的数字减7，就得到下一个数字了，所以空格里填的是78，50，36。

② 99，92，85，□，
71，64，57，□，
43，□

85 - 7 = 78
57 - 7 = 50
43 - 7 = 36

这题是用减法来设计，数字越来越小。

第三题呢？数字越来越大，却好像和前一个数字没关系。

③ 1，1，2，3，5，
8，13，21，34，
□，□，□

把第1和第2个数字加起来，就是第3个数字；第2加第3个，等于第4个数字……看出规律了吗？

1，1，2，3，5，

原来是这么算啊！

2 + 3 = 5
3 + 5 = 8

第一个空格是
21+34=55。

第二个空格是
34+55=89。

最后一个数字是
55+89=144。答案都
出来了。

我们再去买
东西，这回，
要买很多、
很多。

我要买这些
文具。

算完这份题目。

① 5, 10, 15, □,
25, 30
② 81, 70, □, 48,
37, 26, □
③ 2, 2, 4, 6, 10,
16, 26, 42, 68,
□, □, □

要写新的
题目？！

25, 30
② 81, 70, □,
37, 26, □
③ 2, 2, 4, 6,
16, ...2,
□, □, ...

没错！每天都会换新
的题目。

数学追追追

　　数列的规律设计可以有很多种，除了加法、减法，也能使用乘法及
除法。例如：

使用乘法：

2, 4, 8, 16, 32, 64

7, 21, 63, 189, 567

使用除法：

96, 48, 24, 12, 6, 3

2500, 500, 100, 20, 4

　　掌握数列设计技巧，自己也能编排数列密码，请同学猜谜喔！

我答对了，这
些全部要打折。

很抱歉，这
些都不是折
价商品，请
再选别的。

（答案请见62页）

吉卜赛女郎读心术

广场上聚集了一群人，围着一名吉卜赛女郎问东问西。小羊、小兔感到很好奇，也挤进人群，听听他们在说什么。

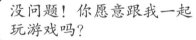

还有更厉害的！现在有谁愿意跟我一起玩？

我！

我！

我！

请这位可爱的小羊过来。

哇！我真幸运。

你知道自己多重吗？

知道。

很好，我的水晶球能从体重看出你的年龄。照我的话做，先把体重乘上100，再把乘好的数字加上3000，答案记在心里，不要告诉我。

□×100 +3000=

接着减去987。

□×100+3000 -987=?

我算好了。

吉卜赛女郎很快就猜出小兔心中的数字，对小羊的年龄似乎也有信心猜中，难道她真的有魔法？

算好后，再减去你出生那年的公元年，减完后，把答案告诉我。

□×100
+3000-987
-出生年

2509

你今年9岁，25公斤，对不对？

哇！好准喔！

哈！因为我有水晶球啊。各位，很抱歉，现在时间很晚了，如果想用水晶球占卜，请到狐狸老板的店里找我。

占卜大特价
一次 2000 元

为什么水晶球有这样的魔力呢？

不是水晶球的魔力！

那是什么？

你从0~9挑一个数字，然后乘以10，告诉我，答案是多少？

70

你想的是7，没错吧？心中的数字乘以10之后，就跑到十位数了。

7

数学追追追

读心术看起来很神奇，其实它利用的原理只是很普通的四则运算，只要学会运算技巧，自己也能算出来。

例如：从体重得知年龄这个游戏，体重只是用来制造效果的。

吉卜赛女郎设计的算式：

$$体重 \times 100 + 3000 - 987 - 出生年$$
$$\downarrow$$
$$2013 - 出生年$$
$$\downarrow$$
$$你的年龄$$

没错，我的体重 42 公斤，年龄 102，怎么算都是 4302。

原本的公式只能用在 2013 年，而且年龄不能超过 100 岁。如果明年还想玩这个游戏，就必须把算式改成体重 ×100+3000-986- 出生年。如果年龄超过 100 岁，要把体重乘以 1000。

解 答

第 4 页

29-14-6=9

第 16 页

猫儿花生可以买
到的糖葫芦大约是：
1000÷20=50 根。

第 8 页

A=36

3 张一袋的每张售价 17 元；
5 张一袋的每张售价 16 元。

第 20 页

第 24 页

2 颗。

❶ 4÷4=1
❷ （4+4）÷4=2
❸ 4-（4÷4）=3
❹ 4+4-4=4 或 4×4÷4=4
❺ 4÷4+4=5

（A）的
面积最大。

第 26 页

第 32 页

很简单吧！

解　答

第 36 页

20 元。
第一天：40+5-10=35
第二天：35+5-10=30
第三天：30+5-10=25
第四天：25+5-10=20

第 40 页

	售价	售出个数	售出总价
铅笔	10	3	30
尺	20	3	60
笔记本	40	1	40
剪刀	50	1	50
总和	■	8	180

第 44 页

8 月 8 日再经过 9 个星期是 10 月 10 日；10 月 10 日再经过 9 个星期是 12 月 12 日。

第 48 页

23 号，星期六。

第 52 页

每天存 6 元。扣掉优惠券的 5 元，一共得存 90 元。

第 56 页

① 5、10、15、20、25、30
② 81、70、59、48、37、26、15
③ 2、2、4、6、10、16、26、42、68、110、178、288

扫雷

下面的雷区中，空格里可能有地雷，请根据格子里的数，找出地雷的位置。

	4	
	4	

	1	
		2
0		

【提示】先找能够确定的位置，比如 0 周围是应该没有地雷的，如果方格中是数字 4，而这个数字周围只有 4 个空白的方框，那么这 4 个方框应该都有地雷。

下面的雷区中，空格里可能有地雷，请根据格子里的数，找出地雷的位置。

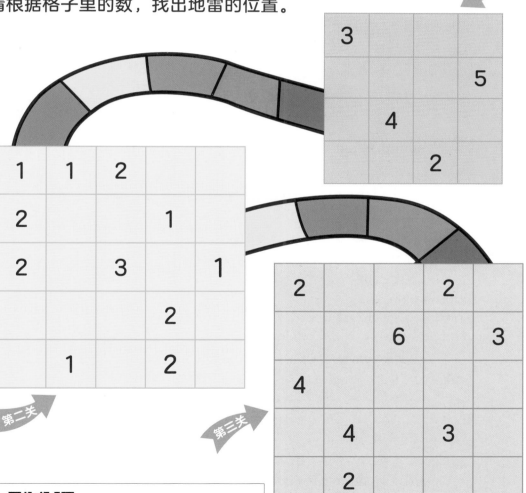

第一关

3			
			5
	4		
		2	

第二关

1	1	2		
2			1	
2		3		1
			2	
	1		2	

第三关

2			2	
		6		3
4				
		4	3	
	2			

图书在版编目（CIP）数据

　　猫侦探的数学谜题. 5，官兵捉小偷 / 杨嘉慧，施晓兰著；郑玉佩绘. -- 武汉：长江文艺出版社，2023.7
　　ISBN 978-7-5702-3036-5

　　Ⅰ. ①猫… Ⅱ. ①杨… ②施… ③郑… Ⅲ. ①数学－少儿读物 Ⅳ. ①O1-49

　　中国国家版本馆 CIP 数据核字（2023）第 053932 号

本书中文繁体字版本由康轩文教事业股份有限公司在台湾出版，今授权长江文艺出版社有限公司在中国大陆地区出版其中文简体字平装本版本。该出版权受法律保护，未经书面同意，任何机构与个人不得以任何形式进行复制、转载。

项目合作：锐拓传媒 copyright@rightol.com

著作权合同登记号：图字 17-2023-117

猫侦探的数学谜题. 5，官兵捉小偷
MAO ZHENTAN DE SHUXUE MITI. 5，GUANBING ZHUO XIAOTOU

责任编辑：叶　露	责任校对：毛季慧
装帧设计：格林图书	责任印制：邱　莉　胡丽平

出版：长江出版传媒　长江文艺出版社
地址：武汉市雄楚大街 268 号　　邮编：430070
发行：长江文艺出版社
http://www.cjlap.com
印刷：湖北新华印务有限公司

开本：720 毫米×920 毫米　　1/16	印张：4.25
版次：2023 年 7 月第 1 版	2023 年 7 月第 1 次印刷

定价：135.00 元（全六册）